この 本を よむ みなさんへ

むらた こういち
（よこはま動物園ズーラシア園長）

どうぶつの 赤ちゃんは、いつも どうぶつえんの 人気ものです。
だれが 見ても かわいいからでしょう。
この 本には、その かわいい どうぶつの 赤ちゃんが 生まれて
おとなになるまでのことが、たくさん しょうかいされています。
赤ちゃんの 大きさや せいちょうしてからの たべもの、
そして ひとりだちするまでの ようすが、
しゃしんや イラストを つかって わかりやすく せつめいされています。
どうぶつの 赤ちゃんを、たんに かわいいと おもうだけでは なく、
なぜだろう？　どうしてだろう？　と ふしぎを かんじながら、
たくさんのことを 学んでもらいたいと ねがっています。
わからないことが あれば、かぞくや 先生や おともだちに きいて
いっしょに かんがえてみてください。
としょかんで 本を よんだり、どうぶつえんに 行って しいくいんに
たずねてみたりするのも よいかもしれません。
そして、わたしたち 人げんも どうぶつの なかまであることを しって、
なかまたちと くらす かんきょうを たいせつに まもってください。

村田 浩一 むらた こういち

1952年神戸市生まれ。獣医師（獣医学博士）。横浜市立よこはま動物園ズーラシア園長／日本大学生物資源科学部教授。神戸市立王子動物園に 22 年間勤めた後、2001年から日本大学教員となり、2011 年からズーラシア園長と横浜市繁殖センター担当部長を兼務。元日本野生動物医学会長（現顧問）、日本動物園水族館協会学術研究部長、OIE 野生動物ワーキング・グループ委員等を歴任。専門は野生動物医学、動物園学。共著書に『動物園学』（文永堂出版）、『動物園学入門』（朝倉書店）、『野生動物の医学』（文永堂出版）、『くちばしのずかん』（金の星社）、『ポケットポプラディア 検定クイズ100動物』（ポプラ社）など多数。

ゴリラ

よこはま動物園ズーラシア園長　むらた こういち　監修

ポプラ社

木が おいしげる アフリカの 森の おくふかく、

ゴリラの かぞくが くらしています。

おとうさん、おかあさん、子どもたち、

かぞくは だいたい 5とうから 10とう います。

ひるまは えさを さがしに いろいろな ばしょへ いどうする。
いどうするときも ねむるときも みんないっしょ。

かぞくの 中に ひときわ 大きな ゴリラが います。
おとうさんです。
せなかの けが ぎんいろなので「シルバーバック」
(えいごで「ぎんいろの せなか」と いう いみ)と よばれます。

かぞくを まもるのが おとうさんの やくわり。
シルバーバックは たいじゅう200キログラム、
人げんの 男の 人 3人ぶんくらい。

ゴリラの おかあさんは、4年から 6年に 1かい、
1とうだけ 赤ちゃんを うみます。

赤ちゃんは 8か月のあいだ、おかあさんの おなかの 中で そだち、
人げんの 赤ちゃんよりも 小さな からだで 生まれます。

おかあさんは、赤ちゃんが 生まれると すぐ、
むねに だきよせ、おちちを あたえはじめます。

メスの ゴリラは 10さいくらいで
さいしょの 子どもを うむ。

くろい けが 生え、目も あいていて
赤ちゃんの 見た目は おかあさんに そっくり。
でも まだ ものを 見ることも
じぶんで あるくことも できません。
1年かんは おかあさんが
ずっと だっこをして すごします。

生まれて 3か月から 6か月くらいで
目が しっかり 見えるようになる。

赤ちゃんは、どこへ いくにも
おかあさんと いっしょ。
おかあさんの けを
しっかり にぎっているから
おちることは ありません。
そして 1日に なんども おかあさんの
おちちを のみます。たくさん のんで
大きく そだっていくのです。

ゴリラの 赤ちゃんは、
ほかの たべものを
たべられるようになってからも、
3さいくらいまでは
おちちから はなれない。

ジャングルの 中を たのしそうに
あるきまわる ゴリラの 赤ちゃん。

ゴリラの 赤ちゃんは、1さいを すぎると
じぶんで あるくようになります。
おかあさんが たべているのを まねて、
おちちの ほかに すこしずつ
はっぱや 草や くだものなどを
たべるようになります。

おかあさんが たべているものは なんでも 口に 入れてみる。
でも まだ、かたい 木のねなどは たべることができない。

赤ちゃんが あるけるようになると、
おかあさんは ときどき、
赤ちゃんを おとうさんに あずけるようになります。
おとうさんは やさしく めんどうを みます。

赤ちゃんは おとうさんの せなかに のったり、
すべりだいにしたりして あそぶのが 大すき。

それでも まだまだ、おかあさんは
子どもたちから 目を はなせません。
ゴリラの 赤ちゃんは、
3さい、4さいになるまで、
おかあさんの そばで たべものの
見つけかたや、なかまとの
つきあいかたなどを 学びます。

おかあさんは けづくろいをして、
子どもに ついた ゴミを
よく とってあげる。
やがて 子どもも ほかの なかまの
けづくろいをするようになる。

子どもたちを 見まもる おかあさん。

子どもたちは あそびながら、
なかまとの つきあいかたを 学ぶ。

子(こ)どもたちは、たくさんの じかんを いっしょに あそんで すごします。おいかけっこや レスリング、けんかごっこも 大(だい)すき。あそびが らんぼうになると すぐに おとうさんが とめに 入(はい)ります。

3さいから 4さいくらいになると、
じぶんで たべものを 見(み)つけて
たべられるようになります。
おかあさんの おちちは
もう のみません。

木(き)のねや かわ、はっぱや くだもの、
こん虫(ちゅう)など、森(もり)には ゴリラが すきな
たべものが いっぱい。

6さいくらいになると、
おとなと おなじくらいの 大きさになる。

ちちばなれをした 子どもは、
シルバーバックの ちかくで ねむり、
あとを ついてまわるようになります。
こうして、子そだては おかあさんから
おとうさんに バトンタッチされるのです。

オスは 12さいくらいになると、
むれを はなれ、けっこんあいてを さがします。
そして こんどは じぶんの あたらしい かぞくを つくるのです。

もっと しりたい！ ゴリラの ひみつ Q&A

Q どんな しゅるいの ゴリラが いるの？

A 「ニシゴリラ」「ヒガシゴリラ」の 2しゅるいが いて、さらに 「ニシローランドゴリラ」「クロスリバーゴリラ」と、「ヒガシローランドゴリラ」「マウンテンゴリラ」に わかれるよ。すむ ばしょや 見た目が ちがうんだ。

ニシゴリラ

クロスリバーゴリラ
見た目は ニシローランドゴリラと ほぼ おなじ。

ニシローランドゴリラ
けの いろは、赤っぽい はいいろ。

ヒガシゴリラ

ヒガシローランドゴリラ
けの いろは くろ。

マウンテンゴリラ
けの いろは くろで、ほかの ゴリラよりも ながい。この 本に 出てくるのは この ゴリラだよ。

Q ゴリラは、なぜ むね を たたくの？

A おとなの オスの ゴリラが、むねを たたくと、ポコポコポコと たいこのような 音が 出る。これは「ドラミング」と よばれる こうどうで、ほかの ゴリラに あいずを 出しているんだ。

ゴリラの 子どもも、おとなを まねて むねを たたくことが あるよ。でも、まだ おとなの オスのような 音は 出せない。

ゴリラの 子ども

Q ゴリラは どんなふうに あるくの?

A りょう手を かるく にぎり、じめんに つけて あるくよ。みじかい じかんなら、うしろ足で 立って あるくことも ある。

Q ゴリラの 手は、どうなっているの?

A ゆびが 5本 あり、つめや しわも あって、人げんの 手と いっしょだよ。ただし 人げんの 手より ずっと 大きく、おとなの ゴリラの 手は、30センチメートルくらい。

ゴリラは 人と にている?

ゴリラは、人と おなじ「るいじんえん」と いわれる なかまだよ。
だから、にているところが おおいんだ。

Q ゴリラは つよいって ほんとう？

A ゴリラは とても 力(ちから)もち。手(て)の 力(ちから)は、人(にん)げんの やく 10ばい つよいと いわれ、ひくい 木(き)を かんたんに たおせるよ。でも、やさしい せいかくだから、ほかの どうぶつを おそうことは めったに ないんだ。

Q オスは なんさいくらいで せなかの けが ぎんいろに かわるの？

A 12さいころを すぎると、せなかの けが ぎんいろに かわるよ。そうして、かんぜんに おとなになった オスの ゴリラは、しぜんと かぞくから はなれて くらすようになるよ。

ゴリラ なんでも データファイル

※マウンテンゴリラのデータです。

Q からだの 大きさは どれくらい？

A オスは、メスよりも 大きく、体重は やく 2ばいも あるんだ。生まれたばかりの 赤ちゃんは、2キログラムくらいしか ないよ。

おとなの オス
体重
140〜200
キログラム

おとなの メス
体重
やく 70〜100
キログラム

120〜130 センチメートル

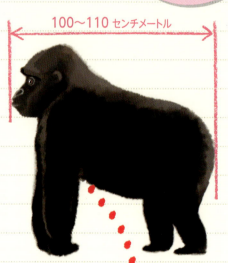

100〜110 センチメートル

※ 人げんと おなじように、2本足で 立った すがたで しんちょうを はかると、オスは 140〜180 センチメートルくらい、メスは やく 140 センチメートルくらいになるよ。

生まれたばかりの 赤ちゃん
体重
やく 1800〜2300
グラム

やく 30 センチメートル

※ しんちょうは、やく 50 センチメートル。

ちくびのばしょ

おちちを あげる ちくびは、人げんと おなじ ばしょに 2つ あるよ。

Q どんな ばしょに すんでいるの?

A アフリカの 中おうの 山おくに すんでいるよ。えさになる 草が たくさん 生えている ばしょを いどうしながら くらしているんだ。

Q なんとうで くらしているの?

A シルバーバックと よばれる おとなの オス 1とうと、すうとうの メス、その 子どもたちで、10とうくらいの むれを つくって くらしているよ。子どもは おとなになると むれを 出て あたらしい むれを つくって くらすんだ。

Q どんな てきが いるの?

A 赤ちゃんや 子どもは、ヒョウなどに ねらわれることが ある。シルバーバックは、ヒョウなどに ねらわれないように、むれを まもるよ。

Q どんな ものを たべるの?

A 木のはや、草のはや くき、ひくい 木などを たべるよ。おとなの オスは、おおいときには 1日に 30キログラムも たべるんだ。

どうぶつえんでは、さまざまな しゅるいの やさいを あげているよ。

Q どんな ウンチを するの?

A おむすびのような かたちの かたい ウンチをするよ。からだが 大きい オスは ウンチも 大きく、5〜7センチメートルくらい。

ゴリラの ウンチ。

Q どんなふうに ねむるの?

A よるは、土の 上に 木の えだや はを あつめた ベッドを つくり、よこに なって ねむるよ。ひるも、2じかんくらい ひるねを するんだ。

あそびの あいまに きゅうけいする 子どもの ゴリラ。

Q どんな なきごえ なの?

A 「グムグム」と くぐもった こえや げっぷのような こえなど、いろいろな なきごえを なかまどうしで かわすよ。わらいごえを 出す ことも ある。むねを たたいて 音を 出す「ドラミング」も、ゴリラどうしの あいずだよ。

Q どれくらい はやく はしるの?

A ふだんは のんびり しているけれど、むれに きけんが せまると、オスが あいてを すごい はやさで おいかける ことが ある。じそくは やく 40キロメートルくらいと いわれ、人が ぜんそく力で はしるよりも、ずっと はやいよ。

Q どれくらいで 生まれるの?

A 赤ちゃんは、250～270日くらい おかあさんの おなかの 中で そだってから 生まれるよ。いちどに 生まれるのは 1～2とう。

2とう 生まれると、そだてるのが むずかしく、どちらかが しんでしまう ばあいが おおい。

Q どれくらい 生きるの?

A やせいでは、35年くらい。どうぶつえんでは、50年くらい 生きるよ。ゴリラの すむ 森の 木が きられたり、人げんが ゴリラを つかまえたりして、げんざい ゴリラの かずが とても すくなく なっているんだ。

くらべてみよう！

じぶんの すきな どうぶつについて いろいろな 本（ほん）を 見（み）て しらべてみよう。

どうぶつの なまえ	〈れい〉 ライオン			
Q おかあさんの **おなか**の 中（なか）に いるのはどれくらい？	だいたい 100〜110日（にち） くらい			
Q 生（う）まれた ときの **大（おお）きさ**は？	やく 30 センチメートル			
Q 生（う）まれた ときの **目（め）や 耳（みみ）**は どんなようす？	目や 耳は とじている			
Q どれくらいで **あるける**ように なる？	6しゅうかん くらい たつと あるけるように なる			
Q おちちを のむ **きかん**は どのくらい？	生（う）まれてから 6か月（げつ）のあいだ			
Q どのくらいで **おとな**に なるの？	3さいくらい			

（ちゅうい）本（ほん）に かきこまず、コピーして つかいましょう。

くらべてみよう！どうぶつの赤ちゃん ⑪
ゴリラ

発　行	2017年9月　第1刷　　2024年8月　第7刷	
監　修	むらた こういち	
発行者	加藤 裕樹	
編　集	堀 創志郎	
発行所	株式会社 ポプラ社	
	〒141-8210　東京都品川区西五反田3-5-8	
	JR目黒MARCビル12階	
	ホームページ　www.poplar.co.jp	
印　刷	TOPPANクロレ株式会社　　製　本　株式会社ハッコー製本	

ISBN 978-4-591-15558-5　N.D.C. 489　32p　27cm　Printed in Japan

- 落丁・乱丁本はお取り替えいたします。
  ホームページ（www.poplar.co.jp）のお問い合わせ一覧よりご連絡ください。
- 読者の皆様からのお便りをお待ちしております。
  いただいたお便りは、制作者にお渡しいたします。
- 本書のコピー、スキャン、デジタル化等の無断複製は著作権法上での例外を除き禁じられています。
  本書を代行業者等の第三者に依頼してスキャンやデジタル化することは、
  たとえ個人や家庭内での利用であっても著作権法上認められておりません。

●スタッフ

- **編　集**　株式会社 スリーシーズン
  （伊藤 佐知子／松本 ひな子／藤門 杏子／
  朽木 彩／永渕 美加子／新村 みづき／
  若月 友里奈／松下 郁美／荻生 彩）
- **写　真**　アマナイメージズ／アフロ
- **写真協力**　東山動植物園
- **イラスト**　藤田 亜耶
- **執　筆**　高島 直子
- **装丁・デザイン**　有限会社 グラパチ
  （谷水 亮介／花村 浩之）
- **製版ディレクター**　十文字 義美
  （TOPPANクロレ株式会社）